KB126997

수학과 교육과정에서 초등학교 수학 내용은 '수와 연산', '도형', '측정', '규칙성', '자료와 가능성'의 5개 영역으로 구성되는데, 우리가 이 교재에서 다룰 영역은 '도형·측정'입니다.

'도형' 영역에서는 평면도형과 입체도형의 개념, 구성요소, 성질과 공간감각을 다룹니다. 평면도형이나 입체도형의 개념과 성질에 대한 이해는 실생활 문제를 해결하는 데 기초가 되며, 수학의 다른 영역의 개념과 밀접하게 관련되어 있습니다. 또한 도형을 다루는 경험으로부터 비롯되는 공간감각은 수학적 소양을 기르는 데 도움이 됩니다.

'측정' 영역에서는 시간, 길이, 들이, 무게, 각도, 넓이, 부피 등 다양한 속성의 측정과 어림을 다룹니다. 우리 생활 주변의 측정 과정에서 경험하는 양의 비교, 측정, 어림은 수학 학습을 통해 길러야 할 중요한 기능이고, 이는 실생활이나 타 교과의 학습에서 유용하게 활용되며, 또한 측정을 통해 길러지는 양감은 수학적 소양을 기르는 데 도움이 됩니다.

1. 부족한 부분에 대한 집중 연습이 가능

도형·측정 영역은 직관적으로 쉽다고 느끼는 아이들도 있지만, 많은 아이들이 수·연산 영역에 비해 많이 어려워합니다.

길이, 무게, 넓이 등의 여러 속성을 비교하거나 어림해야 할 때는 섬세한 양감능력이 필요하고, 입체도형의 겉넓이나 부피를 구해야 할 때는 도형의 속성, 전개도의 이해는 물론 계산능력까지도 필요합니다. 도형을 돌리거나 뒤집는 대칭이동을 알아볼 때는 실제 해본 경험을 토대로 하여 형성된 추론능력이 필요하기도 합니다.

다른 여러 영역에 비해 도형·측정 영역은 이렇게 종합적이고 논리적인 사고와 직관력을 동시에 필요로 하기 때문에 문제 상황에 익숙해지기까지는 당황스러울 수밖에 없습니다. 하지만 절대 걱정할 필요가 없습니다.

기초부터 차근차근 쌓아 올라가야만 다른 단계로의 확장이 가능한 수·연산 등 다른 영역과 달리, 도형·측정 영역은 각각의 내용들이 독립성 있는 경우가 대부분이어서 부족한 부분만 집중 연습해도 충분히 그 부분의 완성도 있는 학습이 가능하기 때문입니다.

이번에 기탄에서 출시한 기탄영역별수학 도형·측정편으로 부족한 부분을 선택하여 집중적으로 연습해 보세요. 원하는 만큼 실력과 자신감이 쑥쑥 향상됩니다.

2. 학습 부담 없는 알맞은 분량

내게 부족한 부분을 선택해서 집중 연습하려고 할 때, 그 부분의 학습 분량이 너무 많으면 부담 때문에 시작하기조차 힘들 수 있습니다.

무조건 문제 수가 많은 것보다 학습의 흥미도를 떨어뜨리지 않는 범위 내에서 필요한 만큼 충분한 양일 때 학습효과가 가장 좋습니다.

기탄영역별수학 도형·측정편은 다루어야 할 내용을 세분화하여, 한 가지 내용에 대한 학습량도 권당 80쪽, 쪽당 문제 수도 3~8문제 정도로 여유 있게 배치하여 학습 부담을 줄이고 학습효과는 높였습니다.

학습자의 상태를 가장 많이 고민한 책, 기탄영역별수학 도형·측정편으로 미루어 두었던 수학에의 도전을 시작해 보세요.

이 책의 구성

★ 본학습
제목을 통해 이번 차시에서 학습해야 할 내용이 무엇인지 짚어 보고, 그것을 익히기 위한 최적화된 연습문제를 반복해서 집중적으로 풀어 볼 수 있습니다.

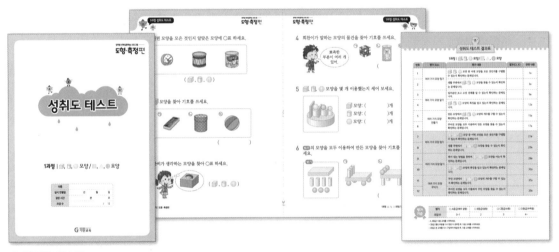

★ 성취도 테스트

성취도 테스트는 본문에서 집중 연습한 내용을 최종적으로 한번 더 확인해 보는 문제들로 구성되어 있습니다.
성취도 테스트를 풀어 본 후, 결과표에 내가 맞은 문제인지 틀린 문제인지 체크를 해가며 각각의 문항을 통해
성취해야 할 학습목표와 학습내용을 짚어 보고, 성취된 부분과 부족한 부분이 무엇인지 확인합니다.

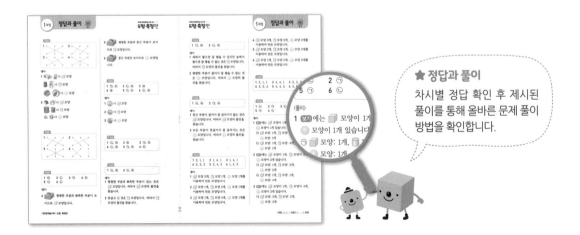

★ 정답과 풀이
차시별 정답 확인 후 제시된 풀이를 통해 올바른 문제 풀이 방법을 확인합니다.

기탄영역별수학
도형·측정편

· mm, km 알아보기
· 시각과 시간 (2)

7
과정

기초부터 탄탄하게
기탄교육

차례
contents

mm, km 알아보기

시각과 시간(2)

1 cm보다 작은 단위

🐸 cm, mm 읽고 쓰기

★ 주어진 길이를 읽어 보세요.

1　┌ 7 cm 9 mm ┐

⇨ **읽기** (　　7 센티미터 9 밀리미터　　)

2　┌ 9 cm 8 mm ┐

⇨ **읽기** (　　　　　　　　　)

3　┌ 20 cm 5 mm ┐

⇨ **읽기** (　　　　　　　　　)

4　┌ 34 cm 2 mm ┐

⇨ **읽기** (　　　　　　　　　)

★ 주어진 길이를 쓰세요.

5 15 센티미터 3 밀리미터

➡ 쓰기 15 cm 3 mm

6 26 센티미터 6 밀리미터

➡ 쓰기

7 19 센티미터 7 밀리미터

➡ 쓰기

8 30 센티미터 4 밀리미터

➡ 쓰기

도형·측정편

2a

1cm보다 작은 단위

이름 :

날짜 :

시간 :   :   ~   :

🐸 자를 사용하여 주어진 길이 긋기

★ 자를 사용하여 주어진 길이를 그어 보세요.

1 | 8 mm |

2 | 3 cm 5 mm |

3 | 1 cm 7 mm |

4 | 6 cm 3 mm |

★ 자를 사용하여 주어진 길이를 그어 보세요.

5 　8 cm 4 mm

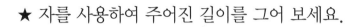

6 　5 cm 6 mm

7 　7 cm 9 mm

8 　10 cm 2 mm

도형·측정편

3a

1 cm보다 작은 단위

이름 :
날짜 :
시간 :　 : 　~　 :

🐸 cm와 mm의 관계 ①

★ ⬜ 안에 알맞은 수를 써넣으세요.

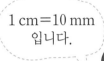

1 cm＝10 mm 입니다.

1　4 cm 6 mm＝ 4 cm＋6 mm

＝ 40 mm＋6 mm＝ 46 mm

2　2 cm 7 mm＝⬜cm＋⬜mm

＝⬜mm＋⬜mm＝⬜mm

3　10 cm 4 mm＝⬜cm＋⬜mm

＝⬜mm＋⬜mm＝⬜mm

4　21 cm 3 mm＝⬜cm＋⬜mm

＝⬜mm＋⬜mm＝⬜mm

5　9 cm 1 mm＝⬜cm＋⬜mm

＝⬜mm＋⬜mm＝⬜mm

6　14 cm 8 mm＝⬜cm＋⬜mm

＝⬜mm＋⬜mm＝⬜mm

7과정 mm, km 알아보기

★ ☐ 안에 알맞은 수를 써넣으세요.

7 7 cm 5 mm = ☐ cm + ☐ mm
= ☐ mm + ☐ mm = ☐ mm

8 18 cm 2 mm = ☐ cm + ☐ mm
= ☐ mm + ☐ mm = ☐ mm

9 25 cm 9 mm = ☐ cm + ☐ mm
= ☐ mm + ☐ mm = ☐ mm

10 30 cm 4 mm = ☐ cm + ☐ mm
= ☐ mm + ☐ mm = ☐ mm

11 6 cm 1 mm = ☐ cm + ☐ mm
= ☐ mm + ☐ mm = ☐ mm

12 11 cm 6 mm = ☐ cm + ☐ mm
= ☐ mm + ☐ mm = ☐ mm

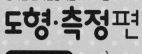

영역별 반복집중학습 프로그램

도형·측정편

4a

1cm보다 작은 단위

이름 :

날짜 :

시간 : : ~ :

🐸 cm와 mm의 관계 ②

★ ☐ 안에 알맞은 수를 써넣으세요.

1 25 mm = ☐20☐ mm + 5 mm = ☐2☐ cm + 5 mm

= ☐2☐ cm ☐5☐ mm

2 13 mm = ☐ mm + ☐ mm = ☐ cm + ☐ mm

= ☐ cm ☐ mm

3 58 mm = ☐ mm + ☐ mm = ☐ cm + ☐ mm

= ☐ cm ☐ mm

4 42 mm = ☐ mm + ☐ mm = ☐ cm + ☐ mm

= ☐ cm ☐ mm

5 156 mm = ☐ mm + ☐ mm = ☐ cm + ☐ mm

= ☐ cm ☐ mm

6 304 mm = ☐ mm + ☐ mm = ☐ cm + ☐ mm

= ☐ cm ☐ mm

7과정 mm, km 알아보기

★ ☐ 안에 알맞은 수를 써넣으세요.

7 76 mm = ☐ mm + ☐ mm = ☐ cm + ☐ mm
= ☐ cm ☐ mm

8 51 mm = ☐ mm + ☐ mm = ☐ cm + ☐ mm
= ☐ cm ☐ mm

9 107 mm = ☐ mm + ☐ mm = ☐ cm + ☐ mm
= ☐ cm ☐ mm

10 84 mm = ☐ mm + ☐ mm = ☐ cm + ☐ mm
= ☐ cm ☐ mm

11 215 mm = ☐ mm + ☐ mm = ☐ cm + ☐ mm
= ☐ cm ☐ mm

12 422 mm = ☐ mm + ☐ mm = ☐ cm + ☐ mm
= ☐ cm ☐ mm

영역별 반복집중학습 프로그램

도형·측정편

5a

1 cm보다 작은 단위

이름 :
날짜 :
시간 :   :   ~   :

🐸 같은 길이끼리 잇기

★ 같은 길이끼리 이어 보세요.

1 　1 cm 5 mm　 •

• ㉠　 68 mm 　

2 　6 cm 8 mm　 •

• ㉡　 15 mm 　

3 　10 cm 2 mm　 •

• ㉢　 12 mm 　

4 　1 cm 2 mm　 •

• ㉣　 62 mm 　

5 　6 cm 2 mm　 •

• ㉤　 102 mm

★ 같은 길이끼리 이어 보세요.

6 44 mm •   • ㉠ 4 cm 6 mm

7 404 mm •   • ㉡ 40 cm 2 mm

8 46 mm •   • ㉢ 4 cm 4 mm

9 402 mm •   • ㉣ 40 cm 4 mm

10 406 mm •   • ㉤ 40 cm 6 mm

1cm보다 작은 단위

🐸 그림 보고 물건의 길이 알기

★ 그림을 보고 각 물건의 길이를 써 보세요.

1

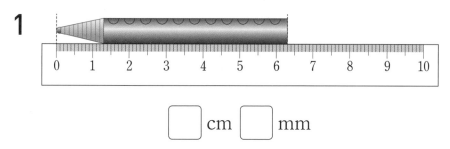

☐ cm ☐ mm

2

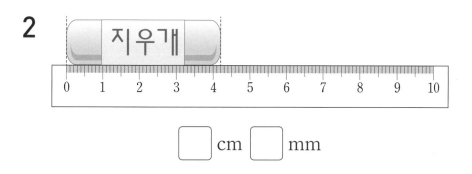

☐ cm ☐ mm

3

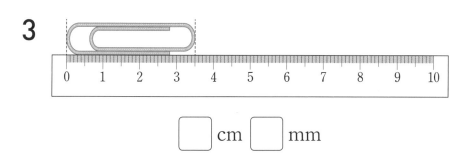

☐ cm ☐ mm

7과정 mm, km 알아보기

★ 그림을 보고 각 물건의 길이를 써 보세요.

4

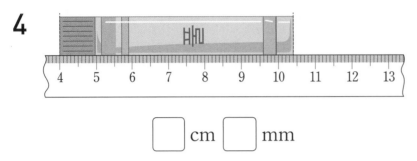

[ ] cm [ ] mm

5

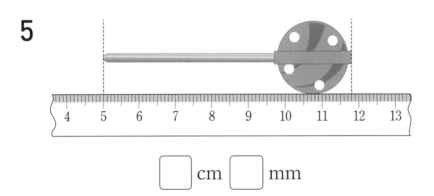

[ ] cm [ ] mm

6

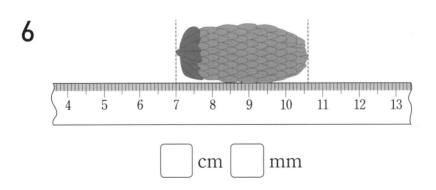

[ ] cm [ ] mm

도형·측정편

7a

1cm보다 작은 단위

이름 :

날짜 :

시간 :　　：　 ~ 　：

😆 단위를 올바르게 사용한 문장 찾기

★ 다음을 읽고 옳은 문장이면 ○표, 틀린 문장이면 ×표 하세요.

1 53 mm는 5 cm 3 mm입니다. (　　　)

2 볼펜의 길이는 약 140 mm입니다. (　　　)

3 신발주머니의 짧은 쪽의 길이는 약 25 mm입니다. (　　　)

4 샤프심의 길이는 약 7 cm입니다. (　　　)

5 10 cm 9 mm는 19 mm입니다. (　　　)

★ 다음을 읽고 옳은 문장이면 ○표, 틀린 문장이면 ✕표 하세요.

6 수학 익힘책의 짧은 쪽의 길이는 약 210 mm입니다. (   )

7 800 mm는 8 cm입니다. (   )

8 105 mm는 10 cm 5 mm입니다. (   )

9 종이컵의 높이는 약 700 mm입니다. (   )

10 450 mm는 45 cm입니다. (   )

1m보다 큰 단위

🐸 km, m 읽고 쓰기

★ 주어진 길이를 읽어 보세요.

1 [5 km 200 m]

⇨ **읽기** (5 킬로미터 200 미터   )

2 [2 km 900 m]

⇨ **읽기** (   )

3 [7 km 350 m]

⇨ **읽기** (   )

4 [18 km 500 m]

⇨ **읽기** (   )

★ 주어진 길이를 쓰세요.

5 8 킬로미터 400 미터

⇨ **쓰기** 8 km 400 m

6 6 킬로미터 700 미터

⇨ **쓰기**

7 4 킬로미터 650 미터

⇨ **쓰기**

8 20 킬로미터 500 미터

⇨ **쓰기**

1 m보다 큰 단위

이름 :
날짜 :
시간 : : ~ :

□km보다 △m 더 먼 거리를 나타내기

★ 다음을 □km △m로 나타내어 보세요.

1 4 km보다 600 m 더 먼 거리

⇨ (4 km 600 m)

2 8 km보다 200 m 더 먼 거리

⇨ ( )

3 5 km보다 150 m 더 먼 거리

⇨ ( )

4 12 km보다 400 m 더 먼 거리

⇨ ( )

★ 다음을 □ km △ m로 나타내어 보세요.

5 2 km보다 900 m 더 먼 거리

⇨ (   )

6 7 km보다 100 m 더 먼 거리

⇨ (   )

7 6 km보다 850 m 더 먼 거리

⇨ (   )

8 21 km보다 300 m 더 먼 거리

⇨ (   )

영역별 반복집중학습 프로그램

도형·측정편

10a

1 m보다 큰 단위

🐸 km와 m의 관계 ①

★ ☐ 안에 알맞은 수를 써넣으세요.

1 km=1000 m 입니다.

1 1 km 400 m= $\boxed{1}$ km+400 m

=$\boxed{1000}$ m+400 m=$\boxed{1400}$ m

2 5 km 200 m=$\boxed{}$ km+$\boxed{}$ m

=$\boxed{}$ m+$\boxed{}$ m=$\boxed{}$ m

3 7 km 800 m=$\boxed{}$ km+$\boxed{}$ m

=$\boxed{}$ m+$\boxed{}$ m=$\boxed{}$ m

4 2 km 600 m=$\boxed{}$ km+$\boxed{}$ m

=$\boxed{}$ m+$\boxed{}$ m=$\boxed{}$ m

5 8 km 150 m=$\boxed{}$ km+$\boxed{}$ m

=$\boxed{}$ m+$\boxed{}$ m=$\boxed{}$ m

6 11 km 300 m=$\boxed{}$ km+$\boxed{}$ m

=$\boxed{}$ m+$\boxed{}$ m=$\boxed{}$ m

★ ☐ 안에 알맞은 수를 써넣으세요.

7 6 km 500 m = ☐ km + ☐ m

= ☐ m + ☐ m = ☐ m

8 3 km 700 m = ☐ km + ☐ m

= ☐ m + ☐ m = ☐ m

9 9 km 100 m = ☐ km + ☐ m

= ☐ m + ☐ m = ☐ m

10 4 km 850 m = ☐ km + ☐ m

= ☐ m + ☐ m = ☐ m

11 15 km 400 m = ☐ km + ☐ m

= ☐ m + ☐ m = ☐ m

12 41 km 650 m = ☐ km + ☐ m

= ☐ m + ☐ m = ☐ m

1m보다 큰 단위

이름 :

날짜 :

시간 :   :   ~   :

🐸 km와 m의 관계 ②

★ ☐ 안에 알맞은 수를 써넣으세요.

1 $2300 \text{ m} = \boxed{2000} \text{ m} + 300 \text{ m} = \boxed{2} \text{ km} + 300 \text{ m}$

$= \boxed{2} \text{ km } 300 \text{ m}$

2 $4500 \text{ m} = \boxed{} \text{ m} + \boxed{} \text{ m} = \boxed{} \text{ km} + \boxed{} \text{ m}$

$= \boxed{} \text{ km} \boxed{} \text{ m}$

3 $9100 \text{ m} = \boxed{} \text{ m} + \boxed{} \text{ m} = \boxed{} \text{ km} + \boxed{} \text{ m}$

$= \boxed{} \text{ km} \boxed{} \text{ m}$

4 $6600 \text{ m} = \boxed{} \text{ m} + \boxed{} \text{ m} = \boxed{} \text{ km} + \boxed{} \text{ m}$

$= \boxed{} \text{ km} \boxed{} \text{ m}$

5 $5900 \text{ m} = \boxed{} \text{ m} + \boxed{} \text{ m} = \boxed{} \text{ km} + \boxed{} \text{ m}$

$= \boxed{} \text{ km} \boxed{} \text{ m}$

6 $8450 \text{ m} = \boxed{} \text{ m} + \boxed{} \text{ m} = \boxed{} \text{ km} + \boxed{} \text{ m}$

$= \boxed{} \text{ km} \boxed{} \text{ m}$

영역별 반복집중학습 프로그램

★ ☐ 안에 알맞은 수를 써넣으세요.

7 1900 m = ☐ m + ☐ m = ☐ km + ☐ m
= ☐ km ☐ m

8 3700 m = ☐ m + ☐ m = ☐ km + ☐ m
= ☐ km ☐ m

9 4150 m = ☐ m + ☐ m = ☐ km + ☐ m
= ☐ km ☐ m

10 6630 m = ☐ m + ☐ m = ☐ km + ☐ m
= ☐ km ☐ m

11 12500 m = ☐ m + ☐ m = ☐ km + ☐ m
= ☐ km ☐ m

12 28200 m = ☐ m + ☐ m = ☐ km + ☐ m
= ☐ km ☐ m

1m보다 큰 단위

🐸 같은 길이끼리 잇기

★ 같은 길이끼리 이어 보세요.

1 3 km 500 m •   •㉠ 3050 m

2 3 km 150 m •   •㉡ 3150 m

3 3 km 50 m •   •㉢ 3500 m

4 3 km 550 m •   •㉣ 3510 m

5 3 km 510 m •   •㉤ 3550 m

★ 같은 길이끼리 이어 보세요.

6 [8100 m] •   • ㉠ [8 km 410 m]

7 [8010 m] •   • ㉡ [8 km 100 m]

8 [8410 m] •   • ㉢ [8 km 400 m]

9 [8400 m] •   • ㉣ [8 km 10 m]

10 [8140 m] •   • ㉤ [8 km 140 m]

도형·측정편

13a

1m보다 큰 단위

이름 :

날짜 :

시간 :　　:　　~　　:

🐸 수직선 보고 거리 써넣기

★ 수직선을 보고 ☐ 안에 알맞은 수를 써넣으세요.

1

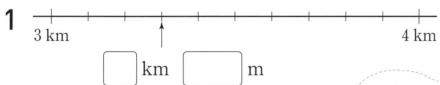

3 km ～ 4 km

☐ km ☐ m

수직선의 작은 눈금 한 칸의 크기는 100 m 입니다.

2

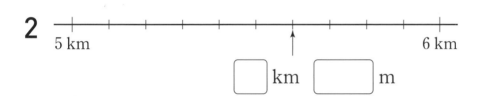

5 km ～ 6 km

☐ km ☐ m

3

1 km ～ 2 km

☐ km ☐ m

4

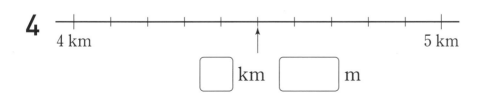

4 km ～ 5 km

☐ km ☐ m

영역별 반복집중학습 프로그램

★ 수직선을 보고 ⬚ 안에 알맞은 수를 써넣으세요.

5
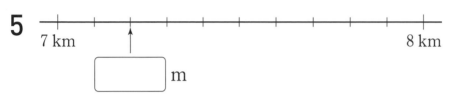

6
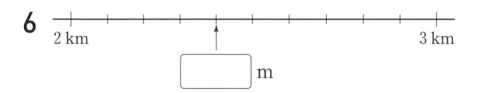

7

8
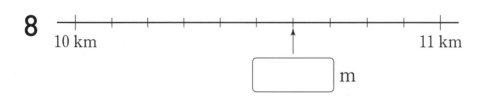

기탄영역별수학 | 도형·측정편

1 m보다 큰 단위

이름 :

날짜 :

시간 :   :   ~   :

🐸 단위를 올바르게 사용한 문장 찾기

★ 다음을 읽고 옳은 문장이면 ○표, 틀린 문장이면 ×표 하세요.

1 교실의 짧은 쪽의 길이는 약 9 m입니다. (   )

2 4 km 50 m는 4500 m입니다. (   )

3 고속버스의 길이는 약 12 km입니다. (   )

4 줄넘기의 길이는 약 2 m입니다. (   )

5 2004 m는 2 km 4 m입니다. (   )

영역별 반복집중학습 프로그램

★ 다음을 읽고 옳은 문장이면 ○표, 틀린 문장이면 ✕표 하세요.

6 내 방의 짧은 쪽의 길이는 약 30 m입니다. (   )

7 8000 m는 8 km입니다. (   )

8 4060 m는 40 km 60 m입니다. (   )

9 우리 학교 국기 게양대의 높이는 약 10 m입니다. (   )

10 1500 m는 1 km 50 m입니다. (   )

도형·측정편

길이 어림하고 재어 보기

| 이름 : |
| 날짜 : |
| 시간 :   :   ~   : |

🐸 주어진 길이 어림하고 재어 보기

★ 다음 그림의 길이를 어림하고 자로 재어 보세요.

1

어림한 길이	자로 잰 길이

2

어림한 길이	자로 잰 길이

3

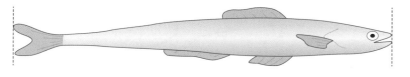

어림한 길이	자로 잰 길이

★ 다음 그림의 길이를 어림하고 자로 재어 보세요.

4

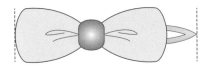

어림한 길이	자로 잰 길이

5

어림한 길이	자로 잰 길이

6

어림한 길이	자로 잰 길이

16a 길이 어림하고 재어 보기

경역별 반복집중학습 프로그램

도형·측정편

이름 :
날짜 :
시간 : : ~ :

🐸 1 m / 1 km보다 긴 것 알아보기

★ 길이가 1 m보다 긴 것을 찾아 기호를 쓰세요.

1
- ㉠ 내 발의 길이
- ㉡ 우리 집 현관문의 높이
- ㉢ 컴퓨터 모니터의 긴 쪽의 길이

(   )

2
- ㉠ 수학교과서의 긴 쪽의 길이
- ㉡ 리코더의 길이
- ㉢ 3인용 소파의 길이

(   )

3
- ㉠ 바나나의 길이
- ㉡ 아버지의 키
- ㉢ 신발주머니의 긴 쪽의 길이

(   )

7과정 mm, km 알아보기

★ 길이가 1 km보다 긴 것을 찾아 기호를 쓰세요.

4

┌─────────────────────────────────┐
│ ㉠ 우리 학교 국기 게양대의 높이   │
│ ㉡ 5층 건물의 높이   │
│ ㉢ 인천국제공항 활주로의 길이   │
└─────────────────────────────────┘

(   )

5

┌─────────────────────────────────┐
│ ㉠ 학교 칠판의 긴 쪽의 길이   │
│ ㉡ 한라산의 높이   │
│ ㉢ 도로 횡단보도의 길이   │
└─────────────────────────────────┘

(   )

6

┌─────────────────────────────────┐
│ ㉠ 수영장의 긴 쪽의 길이   │
│ ㉡ 학교 운동장의 둘레   │
│ ㉢ 북한산 둘레길 거리   │
└─────────────────────────────────┘

(   )

길이 어림하고 재어 보기

이름 :

날짜 :

시간 :   :   ~   :

🐸 그림 보고 주어진 거리 어림하기

★ 그림을 보고 미술관에서 주변에 있는 장소까지의 거리를 어림해 보세요.

1 미술관에서 버스 정류장까지의 거리는 약 몇 km 몇 m인가요?

약 (   ) km (   ) m

2 미술관에서 약 2 km 떨어진 곳에는 어떤 장소가 있나요?

(   )

★ 그림을 보고 테마 공원 입구에서 주변에 있는 장소까지의 거리를 어림
해 보세요.

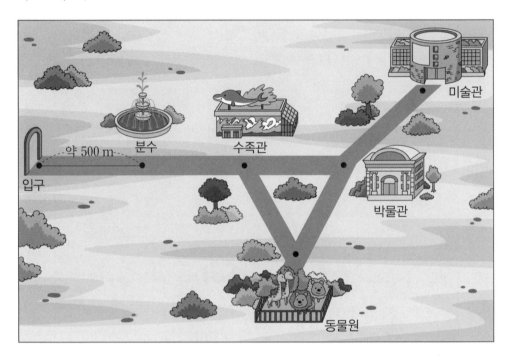

3 입구에서 약 1 km 떨어진 곳에는 어떤 장소가 있는지 써 보세요.

( )

4 입구에서 약 1 km 500 m 떨어진 곳에 있는 장소를 모두 찾아 써 보
세요.

( )

도형·측정편

18a

길이 어림하고 재어 보기

이름 :

날짜 :

시간 :   :   ~   :

🐸 **알맞은 단위 쓰기 ①**

★ ☐ 안에 cm와 mm 중에서 알맞은 단위를 써넣으세요.

1

연필의 길이는 약 170 ☐ 입니다.

2

내 키는 약 128 ☐ 입니다.

3

수학교과서의 짧은 쪽의 길이는 약 210 ☐ 입니다.

★ ☐ 안에 cm와 mm 중에서 알맞은 단위를 써넣으세요.

4

오늘 사 온 바나나
한 개의 길이는
약 19 ☐ 입니다.

5

어제 아버지가
낚시터에서 잡아 오신
붕어의 길이는 약 20
☐ 입니다.

6

우리 집 탁상시계의
분침의 길이는 약 48
☐ 입니다.

길이 어림하고 재어 보기

이름 :

날짜 :

시간 :   :   ~   :

🐸 알맞은 단위 쓰기 ②

★ ☐ 안에 km와 m 중에서 알맞은 단위를 써넣으세요.

1

우리 뒷산의 높이는 약 1 ☐ 나 됩니다.

2

내 방 문의 높이는 약 2 ☐ 입니다.

3

우리 학교 운동장의 긴 쪽의 길이는 약 100 ☐ 입니다.

★ ☐ 안에 km와 m 중에서 알맞은 단위를 써넣으세요.

4

식당 테이블 사이의 거리를 1 ☐ 씩 띄워야 해.

5

우리 오빠는 100 ☐ 를 18초에 달립니다.

6

서울에서 부산까지의 거리는 약 400 ☐ 입니다.

길이 어림하고 재어 보기

🐸 **알맞은 길이를 골라 문장 완성하기**

★ 보기 에서 알맞은 길이를 골라 문장을 완성해 보세요.

보기

18 cm   7 cm 2 mm   36 cm   3 cm 4 mm

---

1 클립의 길이는 약 [   ] 입니다.

2 칫솔의 길이는 약 [   ] 입니다.

3 8절 스케치북의 긴 쪽의 길이는 약 [   ] 입니다.

4 휴대폰의 짧은 쪽의 길이는 약 [   ] 입니다.

★ 보기에서 알맞은 길이를 골라 문장을 완성해 보세요.

┌─ 보기 ───┐
│ 42 km 195 m   10 m   2744 m   8 km 928 m │
└──┘

5 건물 3층의 높이는 약 ⬚⬚⬚⬚⬚⬚⬚ 입니다.

6 백두산의 높이는 ⬚⬚⬚⬚⬚⬚⬚ 입니다.

7 세계에서 가장 긴 용암동굴로 알려진 제주 만장굴의 총 길이는
약 ⬚⬚⬚⬚⬚⬚⬚ 입니다.

8 마라톤은 ⬚⬚⬚⬚⬚⬚⬚ 를 달리는 육상 경기입니다.

1분보다 작은 단위

이름 :

날짜 :

시간 :　　:　　~　　:

🐸 **1초의 이해**

★ ◻ 안에 알맞은 수를 써넣으세요.

1

초바늘이 작은 눈금 한 칸을 가는 동안 걸리는 시간: ◻ 초

2

초바늘이 시계를 한 바퀴 도는 데 걸리는 시간: ◻ 초

시계의 작은 눈금은 모두 60칸입니다.

★ 1초 동안 할 수 있는 일이면 ○표, 아니면 ✕표 하세요.

3 만화 영화 보기 (   )

4 손뼉 한 번 치기 (   )

5 눈 한 번 깜박이기 (   )

6 머리 감기 (   )

7 자리에서 일어나기 (   )

8 달걀 프라이 하기 (   )

1분보다 작은 단위

이름 :

날짜 :

시간 :   :   ~   :

🐸 시각 읽기 ①

★ 시각을 읽어 보세요.

1

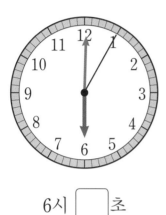

6시 [   ]초

2

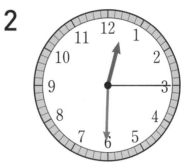

12시 30분 [   ]초

3

2시 20분 [   ]초

4

8시 15분 [   ]초

영역별 반복집중학습 프로그램

★ 시각을 읽어 보세요.

5

3시 40분 [ ] 초

6

10시 10분 [ ] 초

7

5시 45분 [ ] 초

8

7시 24분 [ ] 초

도형·측정편

23a

1분보다 작은 단위

🐸 시각 읽기 ②

★ 시각을 읽어 보세요.

1

[ ]시 [ ]분 [ ]초

2

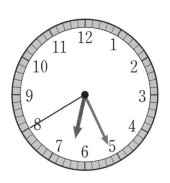

[ ]시 [ ]분 [ ]초

3

[ ]시 [ ]분 [ ]초

4

[ ]시 [ ]분 [ ]초

영역별 반복집중학습 프로그램

★ 시각을 읽어 보세요.

5

◻ 시 ◻ 분 ◻ 초

6

◻ 시 ◻ 분 ◻ 초

7

◻ 시 ◻ 분 ◻ 초

8

◻ 시 ◻ 분 ◻ 초

영역별 반복집중학습 프로그램

도형·측정편

24a

1분보다 작은 단위

이름 :

날짜 :

시간 :   :   ~   :

🐸 시각 읽기 ③

★ 시각을 읽어 보세요.

1   `12:35:21`

☐ 시 ☐ 분 ☐ 초

2   `8:14:45`

☐ 시 ☐ 분 ☐ 초

3   `5:19:32`

☐ 시 ☐ 분 ☐ 초

4   `3:54:18`

☐ 시 ☐ 분 ☐ 초

5   `6:27:09`

☐ 시 ☐ 분 ☐ 초

6   `1:42:13`

☐ 시 ☐ 분 ☐ 초

★ 시각을 읽어 보세요.

7

9 : 22 : 53

☐ 시 ☐ 분 ☐ 초

8 10 : 35 : 04

☐ 시 ☐ 분 ☐ 초

9

7 : 58 : 11

☐ 시 ☐ 분 ☐ 초

10

4 : 13 : 36

☐ 시 ☐ 분 ☐ 초

11

11 : 49 : 25

☐ 시 ☐ 분 ☐ 초

12

2 : 06 : 42

☐ 시 ☐ 분 ☐ 초

1분보다 작은 단위

이름 :

날짜 :

시간 :   :   ~   :

🐸 같은 시각끼리 잇기

★ 같은 시각끼리 이어 보세요.

1 •

• ㉠ **9:10:55**

2 •

• ㉡ **8:20:35**

3 •

• ㉢ **4:50:15**

영역별 반복집중학습 프로그램

★ 같은 시각끼리 이어 보세요.

4      •

• ㉠ | 10:30:45 |

5   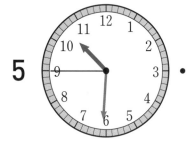   •

• ㉡ | 6:45:18 |

6      •

• ㉢ | 2:25:36 |

도형·측정편

26a

1분보다 작은 단위

이름 :

날짜 :

시간 :   : ~ :

🐸 시곗바늘 그려 넣기 ①

★ 시계에 초바늘을 그려 넣으세요.

1 7시 15분 40초

2 11시 36분 5초

3 3시 53분 25초

4 6시 19분 50초

★ 시계에 초바늘을 그려 넣으세요.

5 8시 8분 15초

6 4시 52분 30초

7 12시 27분 45초

8 10시 14분 25초

27a

1분보다 작은 단위

🐸 시곗바늘 그려 넣기 ②

★ 시계에 초바늘을 그려 넣으세요.

1 1시 22분 38초

2 5시 45분 24초

3 9시 25분 22초

4 4시 35분 56초

영역별 반복집중학습 프로그램

★ 시계에 초바늘을 그려 넣으세요.

5 12시 40분 46초

6 2시 48분 18초

7 3시 25분 7초

8 11시 5분 34초

도형·측정편

28a

1분보다 작은 단위

이름 :

날짜 :

시간 :　:　~　:

🐸 시곗바늘 그려 넣기 ③

★ 디지털시계를 보고 알맞게 초바늘을 그려 넣으세요.

1

6:20:50

2

10:17:25

3

7:52:10

영역별 반복집중학습 프로그램

★ 디지털시계를 보고 알맞게 초바늘을 그려 넣으세요.

4

2:33:42

5

8:05:32

6

12:41:08

기탄영역별수학 | 도형·측정편

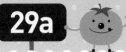

도형·측정편

29a

1분보다 작은 단위

이름 :

날짜 :

시간 :   :   ~   :

🐸 분과 초의 관계 ①

★ ☐ 안에 알맞은 수를 써넣으세요.

1분=60초입니다.

1 1분 30초 = ☐ 1 ☐ 분 + ☐ 30 ☐ 초

= ☐ 60 ☐ 초 + ☐ 30 ☐ 초 = ☐ 90 ☐ 초

2 4분 10초 = ☐ 초

3 2분 25초 = ☐ 초

4 5분 40초 = ☐ 초

5 3분 35초 = ☐ 초

6 6분 5초 = ☐ 초

★ ☐ 안에 알맞은 수를 써넣으세요.

7 3분 12초=☐ 초

8 2분 45초=☐ 초

9 1분 27초=☐ 초

10 8분 6초=☐ 초

11 4분 52초=☐ 초

12 7분 39초=☐ 초

도형·측정편

30a

1분보다 작은 단위

| 이름 : |
| 날짜 : |
| 시간 : : ~ : |

🐸 분과 초의 관계 ②

★ ☐ 안에 알맞은 수를 써넣으세요.

1 60초=☐분

2 85초=☐60☐초+☐25☐초

= ☐1☐분+☐25☐초=☐1☐분 ☐25☐초

3 100초=☐분 ☐초

4 180초=☐분

5 220초=☐분 ☐초

6 254초=☐분 ☐초

★ ☐ 안에 알맞은 수를 써넣으세요.

7 115초 = ☐ 분 ☐ 초

8 98초 = ☐ 분 ☐ 초

9 310초 = ☐ 분 ☐ 초

10 288초 = ☐ 분 ☐ 초

11 420초 = ☐ 분

12 392초 = ☐ 분 ☐ 초

1분보다 작은 단위

이름 :

날짜 :

시간 :   :   ~   :

🐸 같은 시간끼리 잇기

★ 같은 시간끼리 이어 보세요.

1 | 2분 30초 | •   • ㉠ | 190초 |

2 | 3분 10초 | •   • ㉡ | 150초 |

3 | 1분 50초 | •   • ㉢ | 135초 |

4 | 2분 15초 | •   • ㉣ | 110초 |

5 | 2분 25초 | •   • ㉤ | 145초 |

영역별 반복집중학습 프로그램

★ 같은 시간끼리 이어 보세요.

6 [232초] •　　　　　　　　　• ㉠ [4분 12초]

7 [302초] •　　　　　　　　　• ㉡ [3분 52초]

8 [252초] •　　　　　　　　　• ㉢ [5분 2초]

9 [316초] •　　　　　　　　　• ㉣ [4분 26초]

10 [266초] •　　　　　　　　　• ㉤ [5분 16초]

기탄영역별수학 | 도형·측정편

1분보다 작은 단위

🐸 알맞은 시간 단위 찾기

★ ▢ 안에 '시간', '분', '초' 중 알맞은 시간 단위를 써넣으세요.

1 아침에 일어나 이를 닦는 시간: 약 180 ▢

2 수업 1시간: 40 ▢

3 물 한 컵을 마시는 시간: 약 10 ▢

4 학교 앞 횡단보도의 녹색 신호등이 켜져 있는 시간: 약 25 ▢

5 뒷산 약수터에 다녀오는 데 걸린 시간: 약 90 ▢

6 미술 숙제를 하는 시간: 약 2 ▢

영역별 반복집중학습 프로그램

★ ☐ 안에 '시간', '분', '초' 중 알맞은 시간 단위를 써넣으세요.

7 100 m 달리기를 하는 데 걸린 시간: 약 23 ☐

8 시골 할머니 댁에 가는 데 걸리는 시간: 약 3 ☐

9 머리 감는 시간: 약 10 ☐

10 아침 식사를 하는 시간: 약 20 ☐

11 영화 한 편을 보는 시간: 약 120 ☐

12 하루에 잠을 자는 시간: 약 8 ☐

도형·측정편

33a

시간의 덧셈과 뺄셈

🐸 받아올림이 없는 시간의 덧셈 ①

★ ☐ 안에 알맞은 수를 써넣으세요.

1

계란 삶는 데 15분 20초, 라면 끓이는 데 4분 15초 걸렸으니까 총 걸린 시간은……

$$\begin{array}{r} 15 \text{ 분} \quad 20 \text{ 초} \\ + \quad 4 \text{ 분} \quad 15 \text{ 초} \\ \hline \boxed{} \text{ 분} \quad \boxed{} \text{ 초} \end{array}$$

2
$$\begin{array}{r} 35 \text{ 분} \quad 25 \text{ 초} \\ + \quad 20 \text{ 분} \quad 10 \text{ 초} \\ \hline \boxed{} \text{ 분} \quad \boxed{} \text{ 초} \end{array}$$

3
$$\begin{array}{r} 32 \text{ 분} \quad 15 \text{ 초} \\ + \quad 12 \text{ 분} \quad 12 \text{ 초} \\ \hline \boxed{} \text{ 분} \quad \boxed{} \text{ 초} \end{array}$$

4
$$\begin{array}{r} 42 \text{ 분} \quad 20 \text{ 초} \\ + \quad 13 \text{ 분} \quad 16 \text{ 초} \\ \hline \boxed{} \text{ 분} \quad \boxed{} \text{ 초} \end{array}$$

5
$$\begin{array}{r} 13 \text{ 분} \quad 25 \text{ 초} \\ + \quad 6 \text{ 분} \quad 14 \text{ 초} \\ \hline \boxed{} \text{ 분} \quad \boxed{} \text{ 초} \end{array}$$

★ ☐ 안에 알맞은 수를 써넣으세요.

6
　　2 시　　30 분
＋ 1 시간　20 분
　☐ 시 ☐ 분

7
　　4 시　　20 분
＋ 1 시간　30 분
　☐ 시 ☐ 분

8
　　1 시간　5 분
＋ 3 시간　50 분
　☐ 시간 ☐ 분

9
　　5 시　　30 분
＋ 4 시간　23 분
　☐ 시 ☐ 분

10
　　2 시　　12 분
＋ 10 시간　44 분
　☐ 시 ☐ 분

11
　　3 시간　13 분
＋ 2 시간　21 분
　☐ 시간 ☐ 분

시간의 덧셈과 뺄셈

이름 :

날짜 :

시간 :   :   ~   :

🐸 받아올림이 없는 시간의 덧셈 ②

★ ⬜ 안에 알맞은 수를 써넣으세요.

1

12시 10분 20초인데 지금부터 광고 시간이 5분 25초라고 했으니 영화 시작 시각은 ……

```
     12  시    10  분    20  초
  +           5  분    25  초
  ─────────────────────────────
    ⬜   시   ⬜   분   ⬜   초
```

2

```
      6  시    25  분    30  초
  +           20  분    15  초
  ─────────────────────────────
    ⬜   시   ⬜   분   ⬜   초
```

3

```
     11  시    15  분     5  초
  +           40  분    30  초
  ─────────────────────────────
    ⬜   시   ⬜   분   ⬜   초
```

4

```
      3  시    40  분    25  초
  + 1  시간    15  분    20  초
  ─────────────────────────────
    ⬜   시   ⬜   분   ⬜   초
```

5

```
      8  시    15  분    35  초
  + 1  시간    30  분    10  초
  ─────────────────────────────
    ⬜   시   ⬜   분   ⬜   초
```

영역별 반복집중학습 프로그램

★ ☐ 안에 알맞은 수를 써넣으세요.

6

	7	시	12	분	20	초
+			25	분	18	초

☐ 시 ☐ 분 ☐ 초

7

	9	시	23	분	16	초
+			30	분	32	초

☐ 시 ☐ 분 ☐ 초

8

	10	시	32	분	42	초
+			15	분	6	초

☐ 시 ☐ 분 ☐ 초

9

	5	시	43	분	35	초
+	1	시간	6	분	20	초

☐ 시 ☐ 분 ☐ 초

10

	4	시	14	분	32	초
+	2	시간	34	분	13	초

☐ 시 ☐ 분 ☐ 초

11

	1	시	21	분	14	초
+	3	시간	35	분	25	초

☐ 시 ☐ 분 ☐ 초

도형·측정편

35a

시간의 덧셈과 뺄셈

이름 :

날짜 :

시간 :   :   ~   :

🐸 받아내림이 없는 시간의 뺄셈 ①

★ ☐ 안에 알맞은 수를 써넣으세요.

1

국어와 수학 숙제 하는 데 40분 35초 걸렸는데 국어 숙제가 20분 15초 걸렸으니 수학 숙제 하는 데 걸린 시간은……

```
      40  분   35  초
  −   20  분   15  초
  ────────────────────
     ☐  분   ☐  초
```

2

```
     20  분   45  초
  −          35  초
  ──────────────────
    ☐  분   ☐  초
```

3

```
     18  분   34  초
  −          12  초
  ──────────────────
    ☐  분   ☐  초
```

4

```
     25  분   45  초
  −  15  분   21  초
  ──────────────────
    ☐  분   ☐  초
```

5

```
     44  분   26  초
  −  14  분   15  초
  ──────────────────
    ☐  분   ☐  초
```

★ ☐ 안에 알맞은 수를 써넣으세요.

6
    5 시간   20 분
− 3 시간   10 분
───────────
☐ 시간 ☐ 분

7
    7 시   50 분
− 3 시   20 분
───────────
☐ 시간 ☐ 분

8
    10 시   55 분
− 5 시간   30 분
───────────
☐ 시 ☐ 분

9
    8 시   19 분
− 4 시간   8 분
───────────
☐ 시 ☐ 분

10
    12 시   28 분
− 5 시   15 분
───────────
☐ 시간 ☐ 분

11
    9 시   50 분
− 2 시   35 분
───────────
☐ 시간 ☐ 분

도형·측정편

36a

시간의 덧셈과 뺄셈

이름 :

날짜 :

시간 :　　:　　~　　:

🐸 받아내림이 없는 시간의 뺄셈 ②

★ ☐ 안에 알맞은 수를 써넣으세요.

1

지금 10시 15분 30초인데 그 기차는 10분 20초 전에 이미 떠났대.

앗! 그럼 그 기차가 출발한 시각이 언제인 거야?

```
    10 시   15 분   30 초
 -          10 분   20 초
  ────────────────────────
    ☐ 시   ☐ 분    ☐ 초
```

2

```
    7 시   50 분   45 초
 -         40 분   30 초
  ────────────────────────
   ☐ 시   ☐ 분    ☐ 초
```

3

```
    5 시   45 분   15 초
 -         35 분   10 초
  ────────────────────────
   ☐ 시   ☐ 분    ☐ 초
```

4

```
    6 시    35 분   55 초
 - 1 시간   25 분   40 초
  ────────────────────────
   ☐ 시   ☐ 분    ☐ 초
```

5

```
    11 시   25 분   50 초
 -  3 시    15 분   25 초
  ────────────────────────
   ☐ 시간   ☐ 분    ☐ 초
```

영역별 반복집중학습 프로그램

★ ☐ 안에 알맞은 수를 써넣으세요.

6

2 시	54 분	35 초
−	32 분	13 초
☐ 시	☐ 분	☐ 초

7

9 시	48 분	29 초
−	27 분	25 초
☐ 시	☐ 분	☐ 초

8

1 시	36 분	43 초
−	15 분	20 초
☐ 시	☐ 분	☐ 초

9

12 시	25 분	54 초
− 6 시	12 분	32 초
☐ 시간	☐ 분	☐ 초

10

8 시	15 분	26 초
− 4 시간	8 분	15 초
☐ 시	☐ 분	☐ 초

11

3 시	42 분	30 초
− 1 시	24 분	15 초
☐ 시간	☐ 분	☐ 초

도형·측정편

37a

시간의 덧셈과 뺄셈

🐸 **받아올림이 있는 시간의 덧셈 ①**

★ ☐ 안에 알맞은 수를 써넣으세요.

60초=1분,
60분=1시간
임을 이용합니다.

1

나잘해 선수의 1500 m 최고 기록은 원래 14분 30초인데요. 오늘 연습경기에서는 컨디션이 좋지 않아 그보다 4분 45초 더 늦게 들어왔다고 합니다. 나잘해 선수의 오늘 기록은……

```
      14 분    30 초
  +    4 분    45 초
  ─────────────────
      18 분    75 초
      +1 분 ← -60 초
  ─────────────────
      19 분    15 초
```

2
```
      52 분    40 초
  +    3 분    25 초
  ─────────────────
      ☐ 분     ☐ 초
      + 분 ← - 초
  ─────────────────
      ☐ 분     ☐ 초
```

3
```
      25 분    35 초
  +   14 분    38 초
  ─────────────────
      ☐ 분     ☐ 초
      + 분 ← - 초
  ─────────────────
      ☐ 분     ☐ 초
```

4
```
       8 분    28 초
  +   26 분    45 초
  ─────────────────
      ☐ 분     ☐ 초
      + 분 ← - 초
  ─────────────────
      ☐ 분     ☐ 초
```

5
```
      43 분    52 초
  +   12 분    36 초
  ─────────────────
      ☐ 분     ☐ 초
      + 분 ← - 초
  ─────────────────
      ☐ 분     ☐ 초
```

37b

영역별 반복집중학습 프로그램

★ ☐ 안에 알맞은 수를 써넣으세요.

6
$$
\begin{array}{r}
2 \text{ 시} \quad 45 \text{ 분} \\
+ \quad\quad\quad 50 \text{ 분} \\
\hline
\end{array}
$$
　2 시　95 분
+1 시간 ← ─ 60 분
　3 시　35 분

7
$$
\begin{array}{r}
4 \text{ 시} \quad 30 \text{ 분} \\
+ \ 1 \text{ 시간} \quad 45 \text{ 분} \\
\hline
\end{array}
$$
　☐ 시　☐ 분
+ ☐ 시간 ← ─ ☐ 분
　☐ 시　☐ 분

8
$$
\begin{array}{r}
9 \text{ 시간} \quad 25 \text{ 분} \\
+ \ 1 \text{ 시간} \quad 35 \text{ 분} \\
\hline
\end{array}
$$
　☐ 시간　☐ 분
+ ☐ 시간 ← ─ ☐ 분
　☐ 시간

9
$$
\begin{array}{r}
10 \text{ 시} \quad 54 \text{ 분} \\
+ \quad\quad\quad 27 \text{ 분} \\
\hline
\end{array}
$$
　☐ 시　☐ 분
+ ☐ 시간 ← ─ ☐ 분
　☐ 시　☐ 분

10
$$
\begin{array}{r}
7 \text{ 시} \quad 34 \text{ 분} \\
+ \ 3 \text{ 시간} \quad 56 \text{ 분} \\
\hline
\end{array}
$$
　☐ 시　☐ 분
+ ☐ 시간 ← ─ ☐ 분
　☐ 시　☐ 분

11
$$
\begin{array}{r}
5 \text{ 시간} \quad 19 \text{ 분} \\
+ \ 4 \text{ 시간} \quad 43 \text{ 분} \\
\hline
\end{array}
$$
　☐ 시간　☐ 분
+ ☐ 시간 ← ─ ☐ 분
　☐ 시간　☐ 분

기탄영역별수학 | 도형·측정편

도형·측정편

38a

시간의 덧셈과 뺄셈

이름 :

날짜 :

시간 :   :   ~   :

🐸 받아올림이 있는 시간의 덧셈 ②

★ ☐ 안에 알맞은 수를 써넣으세요.

1

7시 16분 35초부터 A사 광고가 30초 동안 나오고 나서 우리 회사 광고가 나온대.

엥? 그럼 우리 회사 광고가 나오는 시각은……

```
      7 시   16 분   35 초
  +               30 초
  ─────────────────────────
      7 시   16 분   65 초
            +1 분 ← -60 초
  ─────────────────────────
      7 시   17 분    5 초
```

2

```
   12 시   27 분   29 초
  +        14 분   46 초
  ────────────────────────
     ☐ 시   ☐ 분   ☐ 초
            + 분 ← - 초
  ────────────────────────
     ☐ 시   ☐ 분   ☐ 초
```

3

```
    4 시   32 분   55 초
  +        23 분   15 초
  ────────────────────────
     ☐ 시   ☐ 분   ☐ 초
            + 분 ← - 초
  ────────────────────────
     ☐ 시   ☐ 분   ☐ 초
```

4

```
    5 시     19 분   52 초
  + 1 시간   34 분   22 초
  ──────────────────────────
     ☐ 시     ☐ 분   ☐ 초
              + 분 ← - 초
  ──────────────────────────
     ☐ 시     ☐ 분   ☐ 초
```

5

```
    2 시간   26 분   41 초
  + 6 시간   29 분   36 초
  ──────────────────────────
     ☐ 시간   ☐ 분   ☐ 초
              + 분 ← - 초
  ──────────────────────────
     ☐ 시간   ☐ 분   ☐ 초
```

38b

영역별 반복집중학습 프로그램

★ ☐ 안에 알맞은 수를 써넣으세요.

6

	6 시	35 분	54 초
+		29 분	18 초

	6 시	64 분	72 초
		+1 분 ← 60 초	
	+1 시간 ← 60 분		

	7 시	5 분	12 초

7

	11 시	58 분	37 초
+		25 분	38 초

	☐ 시	☐ 분	☐ 초
		+ 분 ← — 초	
	+ 시간 ← — 분		

	☐ 시	☐ 분	☐ 초

8

	10 시간	54 분	35 초
+		23 분	42 초

	☐ 시간	☐ 분	☐ 초
		+ 분 ← — 초	
	+ 시간 ← — 분		

	☐ 시간	☐ 분	☐ 초

9

	1 시	43 분	26 초
+		55 분	44 초

	☐ 시	☐ 분	☐ 초
		+ 분 ← — 초	
	+ 시간 ← — 분		

	☐ 시	☐ 분	☐ 초

10

	8 시간	31 분	46 초
+	1 시간	47 분	25 초

	☐ 시간	☐ 분	☐ 초
		+ 분 ← — 초	
	+ 시간 ← — 분		

	☐ 시간	☐ 분	☐ 초

11

	9 시	44 분	29 초
+	2 시간	50 분	32 초

	☐ 시	☐ 분	☐ 초
		+ 분 ← — 초	
	+ 시간 ← — 분		

	☐ 시	☐ 분	☐ 초

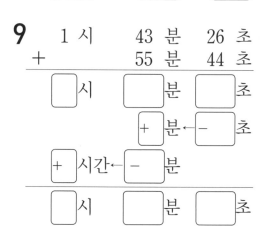

시간의 덧셈과 뺄셈

이름 :

날짜 :

시간 :   :   ~   :

🐸 **받아내림이 있는 시간의 뺄셈 ①**

★ ☐ 안에 알맞은 수를 써넣으세요.

60초=1분,
60분=1시간
임을 이용합니다.

1

$$
\begin{array}{r}
\boxed{}\ 30\ \text{분}\quad \boxed{}\ 20\ \text{초}\\
-\qquad\qquad 45\ \text{초}\\
\hline
\boxed{}\ \text{분}\quad \boxed{}\ \text{초}
\end{array}
$$

2

$$
\begin{array}{r}
\boxed{}\quad\ 19\ \text{분}\quad \boxed{}\ 35\ \text{초}\\
-\quad 12\ \text{분}\quad 50\ \text{초}\\
\hline
\boxed{}\ \text{분}\quad \boxed{}\ \text{초}
\end{array}
$$

3

$$
\begin{array}{r}
\boxed{}\quad\ 22\ \text{분}\quad \boxed{}\ 42\ \text{초}\\
-\quad\ 8\ \text{분}\quad 48\ \text{초}\\
\hline
\boxed{}\ \text{분}\quad \boxed{}\ \text{초}
\end{array}
$$

4

$$
\begin{array}{r}
\boxed{}\quad\ 50\ \text{분}\quad \boxed{}\ 18\ \text{초}\\
-\quad 27\ \text{분}\quad 34\ \text{초}\\
\hline
\boxed{}\ \text{분}\quad \boxed{}\ \text{초}
\end{array}
$$

5

$$
\begin{array}{r}
\boxed{}\quad\ 33\ \text{분}\quad \boxed{}\ 9\ \text{초}\\
-\quad 12\ \text{분}\quad 56\ \text{초}\\
\hline
\boxed{}\ \text{분}\quad \boxed{}\ \text{초}
\end{array}
$$

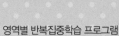

39b

영역별 반복집중학습 프로그램

★ ☐ 안에 알맞은 수를 써넣으세요.

6 ☐ ☐
   4 시 25 분
 ─   40 분
   ☐ 시 ☐ 분

7 ☐ ☐
   10 시 15 분
 ─ 2 시간 35 분
   ☐ 시 ☐ 분

8 ☐ ☐
   7 시간 32 분
 ─ 3 시간 55 분
   ☐ 시간 ☐ 분

9 ☐ ☐
   3 시 40 분
 ─ 1 시간 47 분
   ☐ 시 ☐ 분

10 ☐ ☐
   9 시 12 분
 ─ 5 시간 24 분
   ☐ 시 ☐ 분

11 ☐ ☐
   11 시간 21 분
 ─ 8 시간 49 분
   ☐ 시간 ☐ 분

도형·측정편

40a

시간의 덧셈과 뺄셈

이름 :

날짜 :

시간 :   :   ~   :

🐸 받아내림이 있는 시간의 뺄셈 ②

★ ☐ 안에 알맞은 수를 써넣으세요.

1

개기일식이 끝난 시각은 3시 16분 30초이고 5분 45초 동안 진행됐으니 개기일식이 시작된 시각은……

```
        ☐        ☐
  3 시  16 분  30 초
 −       5 분  45 초
────────────────────
  ☐ 시  ☐ 분  ☐ 초
```

2

```
        ☐        ☐
  8 시  23 분  12 초
 −      10 분  26 초
────────────────────
  ☐ 시  ☐ 분  ☐ 초
```

3

```
        ☐        ☐
 12 시  44 분  25 초
 −      28 분  36 초
────────────────────
  ☐ 시  ☐ 분  ☐ 초
```

4

```
         ☐        ☐
 10 시   37 분  34 초
 − 4 시간 18 분  55 초
─────────────────────
  ☐ 시   ☐ 분  ☐ 초
```

5

```
        ☐        ☐
  7 시  55 분  10 초
 − 1 시  42 분  19 초
─────────────────────
  ☐ 시간 ☐ 분  ☐ 초
```

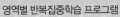

★ ☐ 안에 알맞은 수를 써넣으세요.

6

	60		
8	24		60

$$
\begin{array}{r}
9 \text{ 시} \quad 25 \text{ 분} \quad 35 \text{ 초} \\
- \qquad\qquad 30 \text{ 분} \quad 45 \text{ 초} \\
\hline
8 \text{ 시} \quad 54 \text{ 분} \quad 50 \text{ 초}
\end{array}
$$

7

$$
\begin{array}{r}
2 \text{ 시} \quad 30 \text{ 분} \quad 15 \text{ 초} \\
- \qquad\qquad 55 \text{ 분} \quad 20 \text{ 초} \\
\hline
\boxed{} \text{ 시} \quad \boxed{} \text{ 분} \quad \boxed{} \text{ 초}
\end{array}
$$

8

$$
\begin{array}{r}
5 \text{ 시간} \quad 15 \text{ 분} \quad 40 \text{ 초} \\
- \; 1 \text{ 시간} \quad 20 \text{ 분} \quad 55 \text{ 초} \\
\hline
\boxed{} \text{ 시간} \quad \boxed{} \text{ 분} \quad \boxed{} \text{ 초}
\end{array}
$$

9

$$
\begin{array}{r}
11 \text{ 시} \quad 40 \text{ 분} \quad 22 \text{ 초} \\
- \; 6 \text{ 시간} \quad 45 \text{ 분} \quad 38 \text{ 초} \\
\hline
\boxed{} \text{ 시} \quad \boxed{} \text{ 분} \quad \boxed{} \text{ 초}
\end{array}
$$

10

$$
\begin{array}{r}
4 \text{ 시간} \quad 28 \text{ 분} \quad 13 \text{ 초} \\
- \; 2 \text{ 시간} \quad 32 \text{ 분} \quad 40 \text{ 초} \\
\hline
\boxed{} \text{ 시간} \quad \boxed{} \text{ 분} \quad \boxed{} \text{ 초}
\end{array}
$$

11

$$
\begin{array}{r}
6 \text{ 시} \quad 7 \text{ 분} \quad 36 \text{ 초} \\
- \; 3 \text{ 시간} \quad 18 \text{ 분} \quad 51 \text{ 초} \\
\hline
\boxed{} \text{ 시} \quad \boxed{} \text{ 분} \quad \boxed{} \text{ 초}
\end{array}
$$

이제 길이 단위와 시각과 시간에 대한 문제는 걱정 없지요? 혹시 아쉬운 부분이 있다면 그 부분만 좀 더 복습하세요. 수고하셨습니다.

기탄영역별수학
도형·측정편

성취도 테스트

7과정 | mm, km 알아보기/시각과 시간(2)

이름	
실시 연월일	년 월 일
걸린 시간	분 초
오답 수	/ 12

기초부터 탄탄하게
G 기탄교육

1 □ 안에 알맞은 수를 써넣으세요.

(1) 8 cm 3 mm = ☐ mm

(2) 74 mm = ☐ cm ☐ mm

2 그림을 보고 물건의 길이를 써 보세요.

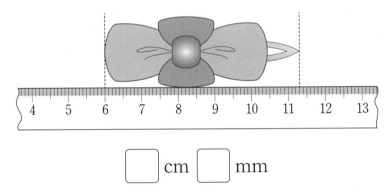

☐ cm ☐ mm

3 □ 안에 알맞은 수를 써넣으세요.

(1) 14 km 350 m = ☐ m

(2) 9740 m = ☐ km ☐ m

4 수직선을 보고 ☐ 안에 알맞은 수를 써넣으세요.

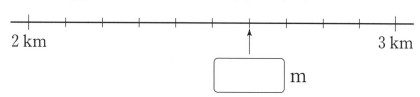

2 km   3 km

☐ m

5 1 m보다 긴 것을 찾아 기호를 쓰세요.

> ㉠ 줄넘기의 길이
> ㉡ 손 한 뼘의 길이
> ㉢ 책가방의 긴 쪽의 길이

(   )

6 집에서 학교까지의 거리는 약 몇 km인가요?

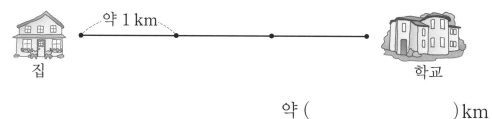

약 1 km

집   학교

약 (   ) km

도형·측정편

7 시각을 읽어 보세요.

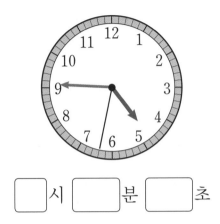

☐ 시 ☐ 분 ☐ 초

8 시계에 초바늘을 그려 넣으세요.

8시 14분 26초

9 ☐ 안에 알맞은 수를 써넣으세요.

(1) 3분 24초 = ☐ 초

(2) 495초 = ☐ 분 ☐ 초

10 ☐ 안에 '시간', '분', '초' 중 알맞은 시간 단위를 써넣으세요.

(1) 하품 한 번 하는 시간: 약 10 ☐

(2) 학교 일과 중 점심 시간: 40 ☐

11 ☐ 안에 알맞은 수를 써넣으세요.

(1)
```
   15 분    48 초
 + 18 분    35 초
   ┌──┐분 ┌──┐초
   ┌+┐분←┌─┐초
   ┌──┐분 ┌──┐초
```

(2)
```
   10 시    39 분    53 초
 +          44 분    32 초
   ┌──┐시 ┌──┐분 ┌──┐초
          ┌+┐분←┌─┐초
   ┌+┐시간←┌─┐분
   ┌──┐시 ┌──┐분 ┌──┐초
```

12 ☐ 안에 알맞은 수를 써넣으세요.

(1)
```
        ┌──┐      ┌──┐
    8 시간   29 분
 -  4 시간   45 분
    ┌─┐시간 ┌──┐분
```

(2)
```
              ┌──┐
        ┌──┐  ┌──┐      ┌──┐
    5 시    14 분    34 초
 -  1 시간   25 분    57 초
    ┌─┐시 ┌──┐분 ┌──┐초
```

7과정 | mm, km 알아보기/시각과 시간(2)

번호	평가 요소	평가 내용	결과(O, X)	관련 내용
1	1 cm보다 작은 단위	□cm □mm를 □mm로, □mm를 □cm □mm로 나타낼 수 있는지 확인해 보는 문제입니다.		3a
2		자를 이용하여 주어진 물건의 길이를 알아보는 문제입니다.		6a
3	1 m보다 큰 단위	□km □m를 □m로, □m를 □km □m로 나타낼 수 있는지 확인해 보는 문제입니다.		10a
4		수직선을 보고 표시된 지점이 □km □m(또는 □m)인지 알아보는 문제입니다.		13a
5	길이 어림하고 재어 보기	주어진 사물의 길이 중 1m보다 긴 것이 무엇인지 어림해 보는 문제입니다.		16a
6		그림을 보고 거리를 어림해 보는 문제입니다.		17a
7	1분보다 작은 단위	시계 그림을 보고 몇 시 몇 분 몇 초인지 알아보는 문제입니다.		22a
8		주어진 시각에 알맞게 시계 그림에 정확하게 초바늘을 그릴 수 있는지 알아보는 문제입니다.		26a
9		□분 □초를 □초로, □초를 □분 □초로 나타낼 수 있는지 확인해 보는 문제입니다.		29a
10		주어진 일을 하는 데 걸리는 시간을 '시간', '분', '초' 중 알맞은 단위를 사용하여 나타낼 수 있는지 확인해 보는 문제입니다.		32a
11	시간의 덧셈과 뺄셈	60초=1분, 60분=1시간임을 이용하여 받아올림이 있는 시간의 덧셈을 할 수 있는지 확인해 보는 문제입니다.		37a
12		60초=1분, 60분=1시간임을 이용하여 받아내림이 있는 시간의 뺄셈을 할 수 있는지 확인해 보는 문제입니다.		39a

평가 기준	평가	□ A등급(매우 잘함)	□ B등급(잘함)	□ C등급(보통)	□ D등급(부족함)
	오답 수	0~1	2	3	4~

• A, B등급: 다음 교재를 시작하세요.

• C등급: 틀린 부분을 다시 한번 더 공부한 후, 다음 교재를 시작하세요.

• D등급: 본 교재를 다시 구입하여 복습한 후, 다음 교재를 시작하세요.

정답과 풀이

7과정 | mm, km 알아보기/시각과 시간(2)

영역별 반복집중학습 프로그램
도형·측정편

1ab

1 7 센티미터 9 밀리미터
2 9 센티미터 8 밀리미터
3 20 센티미터 5 밀리미터
4 34 센티미터 2 밀리미터
5 15 cm 3 mm
6 26 cm 6 mm
7 19 cm 7 mm
8 30 cm 4 mm

2ab

1~8 정답 생략

3ab

1 4, 40, 46
2 2, 7, 20, 7, 27
3 10, 4, 100, 4, 104
4 21, 3, 210, 3, 213
5 9, 1, 90, 1, 91
6 14, 8, 140, 8, 148
7 7, 5, 70, 5, 75
8 18, 2, 180, 2, 182
9 25, 9, 250, 9, 259
10 30, 4, 300, 4, 304
11 6, 1, 60, 1, 61
12 11, 6, 110, 6, 116

4ab

1 20, 2, 2, 5
2 10, 3, 1, 3, 1, 3
3 50, 8, 5, 8, 5, 8
4 40, 2, 4, 2, 4, 2

5 150, 6, 15, 6, 15, 6
6 300, 4, 30, 4, 30, 4
7 70, 6, 7, 6, 7, 6
8 50, 1, 5, 1, 5, 1
9 100, 7, 10, 7, 10, 7
10 80, 4, 8, 4, 8, 4
11 210, 5, 21, 5, 21, 5
12 420, 2, 42, 2, 42, 2

5ab

1 ㉡	2 ㉠	3 ㉤	4 ㉢
5 ㉣	6 ㉢	7 ㉣	8 ㉠
9 ㉡	10 ㉤		

〈풀이〉

1 $1\,cm\,5\,mm = 10\,mm + 5\,mm = 15\,mm\,(\leftarrow ㉡)$

2 $6\,cm\,8\,mm = 60\,mm + 8\,mm = 68\,mm\,(\leftarrow ㉠)$

3 $10\,cm\,2\,mm = 100\,mm + 2\,mm = 102\,mm\,(\leftarrow ㉤)$

4 $1\,cm\,2\,mm = 10\,mm + 2\,mm = 12\,mm\,(\leftarrow ㉢)$

5 $6\,cm\,2\,mm = 60\,mm + 2\,mm = 62\,mm\,(\leftarrow ㉣)$

6 $44\,mm = 40\,mm + 4\,mm$
$\quad = 4\,cm\,4\,mm\,(\leftarrow ㉢)$

7 $404\,mm = 400\,mm + 4\,mm$
$\quad = 40\,cm\,4\,mm\,(\leftarrow ㉣)$

8 $46\,mm = 40\,mm + 6\,mm$
$\quad = 4\,cm\,6\,mm\,(\leftarrow ㉠)$

9 $402\,mm = 400\,mm + 2\,mm$
$\quad = 40\,cm\,2\,mm\,(\leftarrow ㉡)$

10 $406\,mm = 400\,mm + 6\,mm$
$\quad = 40\,cm\,6\,mm\,(\leftarrow ㉤)$

6ab

1 6, 3	2 4, 2	3 3, 5
4 6, 4	5 6, 8	6 3, 6

7ab

1 ○	2 ○	3 ×
4 ○	5 ×	6 ○
7 ×	8 ○	9 ×
10 ○		

〈풀이〉

3 신발주머니의 짧은 쪽의 길이는 약 25 cm 또는 250 mm입니다.

5 10 cm 9 mm는 109 mm입니다.

7 800 mm는 80 cm입니다.

9 종이컵의 높이는 약 70 mm 또는 7 cm입니다.

8ab

1 5 킬로미터 200 미터
2 2 킬로미터 900 미터
3 7 킬로미터 350 미터
4 18 킬로미터 500 미터
5 8 km 400 m
6 6 km 700 m
7 4 km 650 m
8 20 km 500 m

9ab

1 4 km 600 m	2 8 km 200 m
3 5 km 150 m	4 12 km 400 m
5 2 km 900 m	6 7 km 100 m
7 6 km 850 m	8 21 km 300 m

10ab

1 1, 1000, 1400
2 5, 200, 5000, 200, 5200
3 7, 800, 7000, 800, 7800
4 2, 600, 2000, 600, 2600
5 8, 150, 8000, 150, 8150
6 11, 300, 11000, 300, 11300
7 6, 500, 6000, 500, 6500
8 3, 700, 3000, 700, 3700
9 9, 100, 9000, 100, 9100
10 4, 850, 4000, 850, 4850
11 15, 400, 15000, 400, 15400
12 41, 650, 41000, 650, 41650

11ab

1 2000, 2, 2
2 4000, 500, 4, 500, 4, 500
3 9000, 100, 9, 100, 9, 100
4 6000, 600, 6, 600, 6, 600
5 5000, 900, 5, 900, 5, 900
6 8000, 450, 8, 450, 8, 450
7 1000, 900, 1, 900, 1, 900
8 3000, 700, 3, 700, 3, 700
9 4000, 150, 4, 150, 4, 150
10 6000, 630, 6, 630, 6, 630
11 12000, 500, 12, 500, 12, 500
12 28000, 200, 28, 200, 28, 200

12ab

1 ⓒ	2 ⓛ	3 ⓘ
4 ⓜ	5 ⓡ	6 ⓛ
7 ⓡ	8 ⓘ	9 ⓒ
10 ⓜ		

〈풀이〉

1 3 km 500 m=3000 m+500 m
$\qquad$ =3500 m(← ㉢)

2 3 km 150 m=3000 m+150 m
$\qquad$ =3150 m(← ㉡)

3 3 km 50 m=3000 m+50 m
$\qquad$ =3050 m(← ㉠)

4 3 km 550 m=3000 m+550 m
$\qquad$ =3550 m(← ㉱)

5 3 km 510 m=3000 m+510 m
$\qquad$ =3510 m(← ㉣)

6 8100 m=8000 m+100 m
$\qquad$ =8 km 100 m(← ㉡)

7 8010 m=8000 m+10 m
$\qquad$ =8 km 10 m(← ㉣)

8 8410 m=8000 m+410 m
$\qquad$ =8 km 410 m(← ㉠)

9 8400 m=8000 m+400 m
$\qquad$ =8 km 400 m(← ㉢)

10 8140 m=8000 m+140 m
$\qquad$ =8 km 140 m(← ㉱)

13ab

1 3, 300		**2** 5, 600	
3 1, 800		**4** 4, 500	
5 7200		**6** 2400	
7 9900		**8** 10600	

〈풀이〉

1 수직선의 작은 눈금 한 칸은 100 m를 나타냅니다. 표시된 눈금은 3 km에서 작은 눈금 3칸을 더 갔으므로 3 km 300 m입니다.

5 표시된 눈금은 7 km에서 작은 눈금 2칸을 더 갔으므로 7 km 200 m=7200 m입니다.

14ab

1 ○	**2** ×	**3** ×
4 ○	**5** ○	**6** ×
7 ○	**8** ×	**9** ○
10 ×		

〈풀이〉

2 4 km 50 m는 4050 m입니다.

3 고속버스의 길이는 약 12 m입니다.

6 내 방의 짧은 쪽의 길이는 약 3 m입니다.

8 4060 m는 4 km 60 m입니다.

10 1500 m는 1 km 500 m입니다.

15ab

1 예 약 6 cm / 5 cm 8 mm

2 예 약 4 cm / 3 cm 5 mm

3 예 약 10 cm / 10 cm 3 mm

4 예 약 5 cm / 5 cm

5 예 약 7 cm 5 mm / 8 cm 2 mm

6 예 약 13 cm / 12 cm 5 mm

16ab

1 ㉡	**2** ㉢	**3** ㉡
4 ㉢	**5** ㉡	**6** ㉢

17ab

1 1, 500	**2** 시청
3 수족관	**4** 동물원, 박물관

18ab

1 mm	**2** cm	**3** mm
4 cm	**5** cm	**6** mm

19ab

1 km	**2** m	**3** m
4 m	**5** m	**6** km

20ab

1 3 cm 4 mm	**2** 18 cm
3 36 cm	**4** 7 cm 2 mm
5 10 m	**6** 2744 m
7 8 km 928 m	**8** 42 km 195 m

21ab

1 1	**2** 60	**3** ×
4 ○	**5** ○	**6** ×
7 ○	**8** ×	

22ab

1 5	**2** 15	**3** 30
4 55	**5** 50	**6** 20
7 10	**8** 28	

23ab

1 1, 30, 10	**2** 6, 25, 40
3 4, 40, 15	**4** 9, 15, 25
5 11, 5, 35	**6** 3, 20, 55
7 7, 13, 20	**8** 10, 42, 7

24ab

1 12, 35, 21	**2** 8, 14, 45
3 5, 19, 32	**4** 3, 54, 18
5 6, 27, 9	**6** 1, 42, 13
7 9, 22, 53	**8** 10, 35, 4
9 7, 58, 11	**10** 4, 13, 36
11 11, 49, 25	**12** 2, 6, 42

25ab

1 ㉡	**2** ㉢	**3** ㉠
4 ㉡	**5** ㉠	**6** ㉢

26ab

〈풀이〉

1~8 초바늘이 시계의 각 숫자를 가리킬 때 나타내는 시각은 다음과 같습니다.

숫자	1	2	3	4	5	6
초	5	10	15	20	25	30

숫자	7	8	9	10	11	12
초	35	40	45	50	55	60(1분)

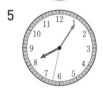

27ab

29ab

1 1, 30, 60, 30, 90

2 250   3 145

4 340   5 215

6 365   7 192

8 165   9 87

10 486   11 292

12 459

30ab

1 1

2 60, 25, 1, 25, 1, 25

3 1, 40   4 3

5 3, 40   6 4, 14

7 1, 55   8 1, 38

9 5, 10   10 4, 48

11 7   12 6, 32

28ab

31ab

1 ㉡   2 ㉠   3 ㉣

4 ㉢   5 ㉤   6 ㉡

7 ㉢   8 ㉠   9 ㉤

10 ㉣

〈풀이〉

1 2분 30초=120초+30초=150초(← ㉡)

2 3분 10초=180초+10초=190초(← ㉠)

3 1분 50초=60초+50초=110초(← ㉣)

4 2분 15초=120초+15초=135초(← ㉢)

5 2분 25초=120초+25초=145초(← ㉤)

6 232초=180초+52초=3분 52초(← ㉡)

7 302초=300초+2초=5분 2초(← ㉢)

8 252초=240초+12초=4분 12초(← ㉠)

9 316초=300초+16초=5분 16초(← ㉤)

10 266초=240초+26초=4분 26초(← ㉣)

32ab

1 초	**2** 분	**3** 초
4 초	**5** 분	**6** 시간
7 초	**8** 시간	**9** 분
10 분	**11** 분	**12** 시간

33ab

1 19, 35	**2** 55, 35
3 44, 27	**4** 55, 36
5 19, 39	**6** 3, 50
7 5, 50	**8** 4, 55
9 9, 53	**10** 12, 56
11 5, 34	

34ab

1 12, 15, 45	**2** 6, 45, 45
3 11, 55, 35	**4** 4, 55, 45
5 9, 45, 45	**6** 7, 37, 38
7 9, 53, 48	**8** 10, 47, 48
9 6, 49, 55	**10** 6, 48, 45
11 4, 56, 39	

35ab

1 20, 20	**2** 20, 10
3 18, 22	**4** 10, 24
5 30, 11	**6** 2, 10
7 4, 30	**8** 5, 25
9 4, 11	**10** 7, 13
11 7, 15	

36ab

1 10, 5, 10	**2** 7, 10, 15
3 5, 10, 5	**4** 5, 10, 15
5 8, 10, 25	**6** 2, 22, 22
7 9, 21, 4	**8** 1, 21, 23
9 6, 13, 22	**10** 4, 7, 11
11 2, 18, 15	

37ab

1 18, 75 / 1, 60 / 19, 15

2 55, 65 / 1, 60 / 56, 5

3 39, 73 / 1, 60 / 40, 13

4 34, 73 / 1, 60 / 35, 13

5 55, 88 / 1, 60 / 56, 28

6 2, 95 / 1, 60 / 3, 35

7 5, 75 / 1, 60 / 6, 15

8 10, 60 / 1, 60 / 11

9 10, 81 / 1, 60 / 11, 21

10 10, 90 / 1, 60 / 11, 30

11 9, 62 / 1, 60 / 10, 2

38ab

1 7, 16, 65 / 1, 60 / 7, 17, 5

2 12, 41, 75 / 1, 60 / 12, 42, 15

3 4, 55, 70 / 1, 60 / 4, 56, 10

4 6, 53, 74 / 1, 60 / 6, 54, 14

5 8, 55, 77 / 1, 60 / 8, 56, 17
6 6, 64, 72 / 1, 60 / 1, 60 / 7, 5, 12
7 11, 83, 75 / 1, 60 / 1, 60 / 12, 24, 15
8 10, 77, 77 / 1, 60 / 1, 60 / 11, 18, 17
9 1, 98, 70 / 1, 60 / 1, 60 / 2, 39, 10
10 9, 78, 71 / 1, 60 / 1, 60 / 10, 19, 11
11 11, 94, 61 / 1, 60 / 1, 60 / 12, 35, 1

39ab

1 (29, 60), 29, 35
2 (18, 60), 6, 45
3 (21, 60), 13, 54
4 (49, 60), 22, 44
5 (32, 60), 20, 13
6 (3, 60), 3, 45
7 (9, 60), 7, 40
8 (6, 60), 3, 37
9 (2, 60), 1, 53
10 (8, 60), 3, 48
11 (10, 60), 2, 32

40ab

1 (15, 60), 3, 10, 45
2 (22, 60), 8, 12, 46
3 (43, 60), 12, 15, 49
4 (36, 60), 6, 18, 39
5 (54, 60), 6, 12, 51
6 (60 / 8, 24, 60), 8, 54, 50
7 (60 / 1, 29, 60), 1, 34, 55
8 (60 / 4, 14, 60), 3, 54, 45
9 (60 / 10, 39, 60), 4, 54, 44
10 (60 / 3, 27, 60), 1, 55, 33
11 (60 / 5, 6, 60), 2, 48, 45

성취도 테스트

1 (1) 83 (2) 7, 4
2 5, 3
3 (1) 14350 (2) 9, 740
4 2600
5 ㉠
6 3
7 4, 45, 32
8

9 (1) 204 (2) 8, 15
10 (1) 초 (2) 분
11 (1) 33, 83 / 1, 60 / 34, 23
  (2) 10, 83, 85 / 1, 60 / 1, 60 / 11, 24, 25
12 (1) (7, 60), 3, 44
  (2) (60 / 4, 13, 60), 3, 48, 37

〈풀이〉
1 (1) 8 cm 3 mm=80 mm+3 mm
              =83 mm
  (2) 74 mm=70 mm+4 mm
              =7 cm 4 mm

3 (1) 14 km 350 m=14000 m+350 m
                  =14350 m
  (2) 9740 m=9000 m+740 m
              =9 km 740 m

4 수직선의 작은 눈금 한 칸은 100 m를 나타
  냅니다. 표시된 눈금은 2 km에서 작은 눈금
  6칸을 더 갔으므로 2 km 600 m=2600 m
  입니다.

9 (1) 3분 24초=180초+24초
              =204초
  (2) 495초=480초+15초
          =8분 15초